Pleiten *Pech* und Pannen

Das *achte* etwas andere Landtechnik-Bilderbuch

Herausgegeben von profi
MAGAZIN FÜR PROFESSIONELLE AGRARTECHNIK

Liebe schadenfrohe Leser:innen!

Über 700 Pechvögel haben es auf die Seiten unserer beliebten Pleiten, Pech und Pannen-Reihe geschafft! Und auch der achte Band zeigt es: Die Landwirtschaft sorgt immer wieder für Situationen, nach denen die Betroffenen erst einmal kurz innehalten und tief durchatmen müssen. Und dann das Richtige tun: professionelle Hilfe holen und den ganzen Schlamassel bildlich festhalten.

Sollte es Sie also selbst auch einmal erwischen, denken Sie am besten aus zwei Gründen an unser Buch: Zum einen, weil auch andere schon „Pech" hatten und ähnliche Situationen gelöst haben. Und zum anderen, damit auch Sie die Kamera zücken und ein Bild zum Staunen oder Schmunzeln aufnehmen.

Trotzdem: Vorsicht, Umsicht und Rücksicht sollten Ihr ständiger Begleiter auf Schlepper, Mähdrescher oder anderen Maschinen sein – denn längst nicht alle Missgeschicke gehen so glimpflich aus, wie die hier gezeigten. Über alle Bilder im Band acht kann aber schadenfroh gegrinst werden – ernsthaft verletzt wurde hier niemand!

Impressum

Redaktion: profi – Magazin für professionelle Agrartechnik, www.profi.de. **Chefredaktion:** Frank Berning. **Redaktion:** Lucas Colsman. **E-Mail:** redaktion@profi.de. **Technische Produktion und Layout:** MediaPro. **Geschäftsführer:** Werner Gehring, Dr. Ludger Schulze Pals, Malte Schwerdtfeger. **Publisher:** Ludger Burholt. **Druck:** Himmer GmbH, Augsburg. **ISBN:** 978-3-7843-5707-2

Loch drin

Zwar kein Loch im Korntank, aber ein Loch im Acker fand dieser Claas Lexion bei der Körnermaisernte. Mit einem Bagger konnte der Mähdrescher aus seiner misslichen Lage befreit werden. Die Ursache für die Schrecksekunde: ein alter Weinkeller, der dem Gewicht nicht standhielt. Peter Prantner hat uns das Bild zukommen lassen.

Flügelschlag

Alles Schlagen mit den Flügeln des Spearhead-Mulchers hat nichts genützt: Ein Hirsch ist einfach nicht zum Fliegen gedacht. Das hat auch Šimon Vrtek erkannt und wartet jetzt auf Hilfe.

Höhenflug

Der kleine Ford 3055 von Heinz-Gustav Aulbert geht sehr motiviert an die Arbeit. Allerdings hatte die Baumwurzel, der es mit der Seilwinde an den Kragen gehen sollte, wohl die bessere Haftung. So war der Höhenflug des kleinen Blauen nur von kurzer Dauer.

Angelehnt

Den Adrenalin-Schub beim Blick nach hinten, wenn sich der Ladewagen zur Seite neigt, kann sich wohl jeder vorstellen. Hier wurde eilig der Frontlader als Stütze herbeigeholt, damit Julian Schmauch und seine Kollegen besonnen die Rettung der Situation planen konnten.

Abgelegt

Der Auflieger liegt zwar auf – aber nicht so, wie er soll! Hat der Drescherfahrer beim Beladen nicht aufgepasst? Der New Holland steht auf jeden Fall noch schuldbewusst daneben. Danke für die Aufnahme an Jonathan Valerie Joshua Samyn.

Schwierige Bedingungen bei der Hopfenernte: Schmierige Verhältnisse auf der Straße wurden Stefan Schlagenhaufer zum Verhängnis, der kostbare Bier-Rohstoff wurde unsanft entladen.

Mist & Masse

Hier war die Massenverteilung richtig Mist: Beim Abkippen rutschte der Mist nicht unter der Pendelklappe durch und sorgt dafür, das der vorgespannte Schlepper die Beine hebt. Ein Klassiker – festgehalten von Andreas Humi.

Arm dran

Arm dran ist dieser kleine MF – denn der Arm ist ab! Die Schwinge des Stoll-Frontladers brach einfach entzwei – ob das noch zu retten ist? Statt des Schweißgeräts hat Anna-Lena Hempel zuerst die Kamera geholt.

Jeder vierte Kreisel bei diesem Gespann hat heute keine Lust mehr auf Heu. Hoffentlich kommt das bei Jakub Ulicny nicht zu häufig vor.

Groß-Ballen

Ein uns bekannter Einsender hat hier einen echten Großballen produziert. Leider gibt es kein Bild der dazugehörigen Ballengabel. Und wir hoffen, dass nicht pro Ballen abgerechnet wird ...

Ballenbergung

Der schöne Deutz von Hubert Nikos hat auf dem schmalen Feldweg scheinbar die Orientierung verloren und sich müde auf die Seite gelegt. Dabei sollte doch eigentlich der Ballentransport erledigt werden. Durch die abgerissene Vorderachse braucht der Deutz jetzt aber selbst eine Mitfahrgelegenheit.

Turmspringer

Nicht ein eleganter Sprung des Pfluges vom Turm ist hier der Trennungsgrund, sondern eine gebrochene Drehwelle. Rafael Helfer ist sicher kein Freund von diesem sportlichen Ereignis, denn eigentlich waren sauber gezogene Furchen das Tagesziel.

Genau hinschauen: Der Xerion auf den Bildern von Martin Bazany hat sich während der Fahrt selbst erleichtert und eine Gewichtsplatte des Frontgewichts abgeworfen. Der Fahrer reagierte schnell, sodass es das schwere Accessoire nicht bis in den Grubber geschafft hat.

Stehen bleiben

Einen kleinen Fehltritt hat sich dieser Tiger erlaubt: Schmierige Bedingungen, hereinbrechende Dämmerung und lange Kampagnentage – so was kann passieren. Zum Glück hat sich der Rübenroder nicht komplett auf die Seite gelegt, und Raphael Hemm hat die Wartezeit bis zur Bergung für die beiden Schnappschüsse genutzt.

Liegen bleiben

Einfach mal liegen bleiben – das dachte sich wohl die Stabwalze dieses Grubbers. Für Marwen Hake war die Arbeit damit erst mal unterbrochen. An Hinlegen war sicher nicht zu denken, Reparieren stand wohl eher auf dem Programm.

Geduldsspiel

Man muss flexibel sein: Bei der Einarbeitung von Leinstoppeln merkte Peter Philipp Schmidt schnell, dass die Fräse nicht das richtige Gerät ist. Nur leider nicht schnell genug: Einige Stunden mit Messer und Flex waren hier noch zu erledigen.

Ungeduldig

Etwas ungeduldig scheint dieser Mähdrescher zu sein: Scheinbar kann er den Erntestart kaum abwarten und wagt schon mal einen vorsichtigen Blick nach draußen. Karin Yabuck hat ein Auge für Details und diesen Schnappschuss geschossen.

Schief gewickelt

Das sorgt für Adrenalin: Wenn der Fahrer sieht, wie sich Folie oder Netz zum Mähwerk hinbewegen, ist es bereits zu spät... So schnell lassen sich die Maschinen gar nicht stoppen. Lukas Salzburger und Emil Hühnergarth haben erst die Kamera und dann das Messer gezückt.

Schief geparkt

Der Mulcher hatte hier die Grabenkante so versteckt, dass sich der Pkw neben der Einfahrt in das kühle Nass verirrte. Mit vereinten Kräften war bei Christian Urbach anschließend die Räumung des havarierten VW aus dem Graben angesagt.

Meistens läuft er, der Ernte-Meister. Heute nicht: Ein Bruch der Antriebsachse sorgte für die seltsame Radstellung und leider auch für eine längere Ausfallzeit. Felix Menzel hatte also genug Zeit, um ein Foto zu machen.

Der Silo-Meister ist über solche Wühlaktionen wie auf dem Bild von Dardan Hoti meist nicht sonderlich erfreut. Aber irgendwie muss der Wagen ja aufs Silo.

Zweiter Versuch

Gleich zwei Dieselrösser müssen diesem Vervaet Hydro Trike XL zu Hilfe eilen. „Der erste Versuch mit nur einem Traktor scheiterte. Mit vereinten Kräften klappte es dann“, schreibt Olaf Nordquist zu seinem Foto.

Netter Versuch

Welches Werkzeug soll es für die anstehende Reparatur sein? Der Versuch dieses Rades, die Knarre anzureichen ist zwar nett gemeint, aber wenig hilfreich. Für Friederich-Wilhelm Bunzendahl gehen damit die Reparaturen weiter.

Verhaspelt

Hektik sorgt schnell mal dafür, dass man sich verhaspelt. Katharina Jordan hat dieses Beispiel festgehalten, bei dem sich die Beregnungstrommel wohl selbst umgezogen hat.

Eigentlich brauchen sich die Traktoren der Agrostar-Baureihe von Deutz-Fahr nicht zu verstecken. Für dieses scheue Bild ist auch eher der angehängte Muldenkipper verantwortlich: Der Fahrer unterschätzte die Größe des Anhängers und fällte damit den ausgewachsenen Kirschbaum. Der Pech-Pilot blieb unverletzt, die Kirsche rächte sich aber mit einer beschädigten Kabine des Deutz. Lars Kockler

Streuersenkung

Der Tiefbettstreuer bei Maxi Betsch liegt hier besonders tief – schuld ist der Verlust des Rades. An diesem Tag war wohl wirklich alles Mist.

Ufersenkung

Da ist der Wurm drin – im Loch, das ein Hochwasser im Uferbereich des Baches hinterlassen hat. Gut für Franz Mühlenthaler, dass nur der Wurm-Schwader und nicht der Schlepper eingebrochen ist.

Knetmaschine

Mato Poplasen hat diesen verzweifelten Fiat Winner bildlich festgehalten. Der dreifurchige Pflug ist kein Problem für den Schlepper – vielmehr macht die teigige Konsistenz des nassen Bodens Probleme. Ohne Hilfe ist hier nichts mehr zu machen.

Rührmaschine

Nicht als Rührwerk gedacht war dieser alte DDR-Bagger, bei dem sich während der Arbeit die Bremse löste und der geradeaus in die Grube fuhr. Obwohl fast komplett untergetaucht, tuckerte der alte Genosse noch fünf Stunden (!) weiter, bevor die Grube geleert werden und ein Autokran anrücken konnte. Genug Zeit für Peter Albrecht, dieses rührende Foto zu schießen.

Schlagartige Trennung

So wird der Zweiachser zum Einachser: Welcher Schlepper hier so übermütig gezerrt hat, hat Pârv Marian leider nicht verraten – das Ergebnis ist jedenfalls wenig hilfreich.

Trennungsschmerz

30 Jahre nach der Wende wieder eine Teilung: Den HTS-Gülletanker, noch aus DDR-Produktion, hat es in zwei Hälften zerlegt. Erst war das Fass nur undicht, dann flog der hintere Teil mit einem lauten Knall davon. Lysann Gutknecht und Florian Bielo hatten zum Glück eine Kamera parat.

Allen Warnungen zum Trotz vom Wege abgewichen ist dieser Zetor mit seinem kleinen roten Anhängsel. Holz macht eben mehrmals warm: Beim Sägen, Spalten, Stapeln – und beim Rausziehen. Danke für das Motiv an Tomáš Jelínek.

Schneewittchen

Nicht mehr in der Waagerechten sind dieser Ladewagen und der schneeweiße Lamborghini. Und das, obwohl der Wagen noch fast leer war – das Laden von Material aus der Grabenpflege hatte gerade erst begonnen. Zum Glück war die Bergung mit dem großen Schlepper von Christian Walter kein Problem.

Kleine Sünden

Wenn der Fahrer der Presse den Schwaderfahrer ärgert, gibt es die Quittung: Ein paar Schlangenlinien, und schon ist der Vorsprung vor der Presse wieder gesichert. Dieses schöne Schmunzel-Foto hat Lars Knüppe eingefangen.

Zwar eine Arbeitsunterbrechung beim Rübenroden, trotzdem „riecht" dieses Foto von Nico Szklarski gewaltig nach Arbeit: Die Umlenkrolle am Raupenlaufwerk des Rübenroders war gebrochen – nach einem Tag Schrauberei ging es weiter.

Eigentlich kommt diese Viererkette mit der Abwehr nasser Bedingungen gut zurecht – sie hat aber auch Grenzen. Das musste auch Andrzej Gajkowski feststellen, für den es mit seinem Quadtrac trotz der großen Aufstandsfläche durch die vier Raupenlaufwerke hier nicht mehr weiterging.

Kettenreaktion

Doppeltes Pech hatte der Fahrer dieses Gespanns: Die geplante Route ist für das Gewicht nicht freigegeben – also eben die Maschinen einzeln durch das Teilstück fahren. Beim Abladen rutscht der Mähdrescher dann aber auch noch vom Tieflader. Das Foto kommt von Jonathan Valerie Joshua Samyn.

Düstere Stimmung

Licht an, es wird duster: Die Stimmung des Chefs war nach diesem Malheur bestimmt nicht die beste – auch wenn sich der kleine MF von Limi B. Mehmetai wirklich angestrengt hat!

Geknickte Stimmung

Etwas geknickt war hier nicht nur der Rahmen des Kippers, sondern bestimmt auch der Fahrer. Das Foto stammt von Marcel Achten.

Scheibenkleister

Ob Scheibenkleister hier als Schimpfwort verwendet wurde, lässt sich nicht mehr nachhalten. Geflucht wurde aber sicherlich, als sich diese Lemken-Scheibenegge von Christian Urbach beim Klappen zu einer eigenen Choreografie hinreißen ließ.

Wohl eher ein Fass-Transport als ein Transportfass: Die Achse des Güllefasses wurde gewaltsam getrennt, jetzt wird mit Unterstützung nach Hause gehumpelt. Die Achse wird sogar gesondert mit dem Teleskoplader „nachgetragen". Mit der Kamera dabei war Rob Leclerc.

Schleppschlauch

Seine Bezeichnung etwas zu wörtlich genommen hat dieses Schleppschlauch-gestänge: Eigentlich sollen doch nur die Schläuche und nicht das ganze Gestänge über die Wiese geschleppt werden… Silvan Oertig hat die Kamera gezückt.

Abschleppdienst

Der Acker hat die Konsistenz von Möhrenbrei: In der Möhrenernte 2019 musste Jonas Busch daher Hilfe leisten: „Ich habe die Trecker vom Feld gezogen, weil gar nichts mehr ging.“

Schräg drauf

„Die sind ja schräg drauf!" So könnte der Fahrer dieses Gespanns gerufen haben – die Ladungssicherung hat Schlimmeres verhindert, wie dieses Bild von Flip Si beweist.

Schräg dran

Nicht das Heu, sondern fast der Heuwender selbst wurde hier gewendet: Scheinbar war der Pöttinger-Heuwender bei Jonas Holsten nicht richtig gekoppelt, sodass sich das Gerät selbst abgehängt hat – zum Glück auf der Wiese und nicht beim Straßentransport.

Steinschlag

Zwar kam dieser Stein von unten, aber einen ordentlichen Schlag in der Kabine bekam der Fahrer bestimmt trotzdem zu spüren. Der zwischen Reifen und Kotflügelhalter eingeklemmte Stein zerstörte zudem die Ölleitung – Ende der Feldarbeit für Stefan Rimmele.

Unabhängig von Marke und Modell kommt es leider immer wieder vor: Brände von Erntemaschinen sind niemandem zu wünschen! Der Einsender des Fotos möchte anonym bleiben.

Niederlage

Wie genau es zu dieser „Niederlage“ des Doppelschwaders kam, ist uns nicht bekannt. Und auch nicht, ob Jonas Harlander hier mit Blick nach hinten und Telefon am Ohr nach einer Bergehilfe ruft.

Die berühmten Fortschritt HW80-Anhänger sind zwar als Seitenkipper gedacht – aber doch nicht so! Bergab und um die Kurve schob sich der Zug auf, stellte sich quer und der erste Wagen kippte unfreiwillig samt Ladung um – Pech für Torsten Kister.

Aqua-Kultur

Der Einsender dieses schönen Schnappschusses aus dem Emsland ist uns leider nicht bekannt. Vorstellen können wir uns aber, dass die Ernte dieser Aqua-Kultur leider kein Erfolgserlebnis war.

Schon wieder Material aus der Landschaftspflege: „Beim Abkippen rutschte die Ladung des ersten Anhängers noch gut ab, der zweite Anhänger legte sich stattdessen auf die Seite“, berichtet Bodo Ufer aus 01768 Glashütte zu seinem umwerfenden Missgeschick.

Durchbruch

Ein großer Klumpen Dünger schoss aus dem Bigbag in den betagten Vicon-Düngerstreuer von Lukas Meschede. Zu viel für den GFK-Behälter – der sich schlagartig Erleichterung verschafft.

Kein Dachsbau, sondern eine müde Achse sorgt für diese Panne beim Miststreuen. Der Einsender ist der Redaktion bekannt, möchte aber lieber ungenannt bleiben.

Rollenverteilung

Bei Hannes Mair hat sich die Rolle von selbst verteilt: Die Presswalze der Deutz-Fahr-Rundballenpresse hat dem stetigen Druck und den vielen Umdrehungen nicht mehr standgehalten und sich in ihre Einzelteile zerlegt.

Hier hat es sich ausgerollt. Der schöne Fendt-Oldtimer von Domy Black hat alles gegeben, gegen die Walzen im klebrigen Boden hat er aber keine Chance. Vielleicht kann er die drei ja einzeln aus dem „Schlammassel“ befreien?

Zerfurcht

Beim Pflügen sollte es nur eine Furche geben – nicht zwei! Das machte auch Daniel Tilse stutzig. Die Ursache für das unschöne Pflugbild war schnell gefunden: Ein Körperpaar hatte sich charmant verabschiedet.

Furchterregend

Wo ist denn die Zugöse? Bei diesen Bildern von Tobias Götz kann man sich den Blick des Fahrers beim Anblick der leeren Deichselöffnung gut vorstellen.

Pedal-Panne

Panne bei den Bauarbeiten von Familie Hummel! Elia, Lena Mari und Hannes fahren nicht nur bei den Großen gerne mit, sondern treten auch selbst in die Pedale: „Der Fendt-Bulldog samt Kipper wurde wohl mit zu viel Erde beladen. Beim Abkippen rutschte der Kipper in die Baugrube, der Bolzen hielt diesem Gewicht nicht stand, er zerschmetterte und flog fünf Meter durch die Luft. Zur Bergung des Kippers wurde noch ein weiterer Fendt vorgespannt", berichtete Andrea Hummel mit einem Augenzwinkern über das Missgeschick.

Lieber auf Hilfe warten … Das dachte sich auch der Fahrer dieses Gespanns. Er hat beim Miststreuen wohl eine nasse Stelle gefunden. Tobi Jurk hat das Bild auf dem Facebook-Kanal von profi gepostet.

Mulch-Schicht

Mit dem Mulchen war hier erst einmal Schicht – die feuchte Wiese war einfach zu nass. Geschickt ging Christian Walter bei der Bergung vor: Der Mulcher wurde mit dem Bagger aufs Trockene gehoben, anschließend der Schlepper herausgezogen. Bis auf einen verbogenen Kotflügelhalter ist nichts passiert.

Ein Kurort mit Schlammbädern? Wofür andere viel Geld bezahlen, hat sich dieser Deutz ein Gratis-Schlammbad gegönnt. Jan Bouda kann dem plötzlichen Entspannungsbedarf seines Schleppers vermutlich nur wenig abgewinnen – Zeit für einen Schichtwechsel?

Rutsch-Partie

Fährtenleser haben es sofort erkannt: Die Spuren in der nassen Wiese zeigen, dass hier kurz vor der Aufnahme durch Franz Gruber richtig Action herrschte. Am Seitenhang geriet der Ladewagen auf die schiefe Bahn, zum Glück ist aber alles gut gegangen.

Viktor Marchenko aus der Ukraine berichtet, dass bei diesem Brand des kleinen Belarus niemand verletzt wurde. Schade um den schönen Schlepper, aber vielleicht ist ja noch etwas zu retten?

Heiß-Ernte

Heiß auf Mais war dieser BiG X von Krone – und ist leider dabei etwas zu heiß gelaufen. Die Feuerwehr Fockbeck war zwar zur Brandbekämpfung zur Stelle, vom Häcksler blieb nur ein verkohltes Gerippe zurück.

Wird der Drehschemel zu eng eingeschlagen, ergibt das unter Umständen einen ungünstigen Schwerpunkt. So wie auf dem Bild von Nick Barchewitz. Dann muss sich auch ein gestandener HW 80 mal anlehnen, bis sich die Lage wieder beruhigt hat.

Bodenlos

Eine Klappschaufel kennt man eher aus dem Baumaschinen-Bereich – und dann nicht so!
Bei Niklas Krumpeck war dafür die Verschleißgrenze der Schaufel deutlich sichtbar.

Das Zugmaul war nicht richtig eingerastet, Grund genug zum Ausrasten. Das dachte sich auch der Anhänger, und ließ sich spontan fallen. Stefan Niessen war mit der Kamera dabei.

Trommelwirbel

Trommelregner haben einen hohen Schwerpunkt: „Zum Glück hat sich unsere Beinlich entschieden, auf die billigere Seite zu fallen. So war der Regner zwei Stunden später wieder im Einsatz“, hat uns Christian Niebuhr via E-Mail zu seinem Missgeschick mitgeteilt.

Eigentlich sollte ein Feuerlöscher eine Ausbreitung der Flammen blockieren, und nicht die Einzugsschnecke des Mähdreschers. Der achtlos im Acker entsorgte Brandbekämpfer sorgte bei Jeffrey Grooten für eine längere Erntepause: Erst nach dem Ausbau der Schnecke konnte der verkeilte Feuerlöscher entfernt werden.

Sternzeichen

Ob dem Fahrer dieses schönen MB tracs sein Missgeschick schon im Horoskop angekündigt wurde? Patrick Angler hat mit seinem Bild auf jeden Fall dafür gesorgt, dass der Fund des versteckten Grabens dokumentiert ist.

Sterngucker

Mit dem Teleskop in die Sterne gucken – bei einer Sternwarte richtig, bei einem Teleskoplader falsch. Für die Schieflage mit Himmelblick sorgte bei Nick Brauer nachgebender Untergrund.

Land unter

Eine Kalkung soll eigentlich die Bodenstruktur verbessern – das hat bei Nils von Deetzen leider nicht ganz geklappt, das Gespann ist im feuchten Boden eingebrochen – hoffentlich klappts beim nächsten Mal.

Unter Druck

Unter Druck zu stehen und auch Unterdruck gehört bei einem Vakuum-Güllefass zum Tagesgeschäft. Dem Fass von Reiner Richters wurde es aber zu viel. Das Ergebnis: implodiert …

Abgewartet

Diese Presse hat den „passenden“ Zeitpunkt für einen Achsbruch brav abgewartet. Denn zehn Minuten vorher war Rudolf Schneider mit der Maschine noch auf der Straße unterwegs: „Dort wäre es wahrscheinlich schlimmer ausgegangen.“

„Beim Güllefahren fand ich trotz Trockenheit vor der Maisaussaat das Wasserloch. Durch den Bewuchs war die defekte Drainage nicht zu erkennen“, beschreibt Niklas Martin sein Missgeschick. Jetzt hängt er in der Warteschleife.

Gülleregen

Zur „richtigen“ Zeit am richtigen Ort war hier profi-Redakteur Tobias Bensing: Der Druck bei der Gülleausbringung war zu groß, die Technik hielt nicht stand – Gülledusche für Mensch und Maschine inklusive. Nach der Reparatur, einer Reinigung für Mensch und Maschine und mit neuer Motivation ging es anschließend problemlos weiter.

Dichtes Schneetreiben von oben, buntes Treiben beim Schneetransport: „Die Hydraulik war beim Abkippen des Schnees zu schnell, sodass das Sicherungs-Drahtseil riss“, erklärt Uwe Schneider seinen Schnappschuss.

Situationen wie auf den Bildern von Sascha Tannert wünscht man niemandem: Dicker schwarzer Qualm zeigt schon von Weitem, dass hier etwas nicht in Ordnung ist. In kürzester Zeit stand dieser John Deere 8R in Flammen, der Fahrer konnte sich zum Glück unverletzt retten.

Etwas überfüttert ist dieser Hirsch: Eine gebrochene Deichsel des Hochkipp-Anhängers sorgte für eine ordentliche Ladung Maissilage ins Heck. Zeit für Jannek Oldsen, ein Foto zu schießen.

Sowohl Bagger als auch Baggerfahrer John Damoiseaux haben bei diesem Einsatz nasse Füße bekommen. Immer wieder gibt es Berichte von spektakulären Bergungseinsätzen im Moor versunkener Kettenbagger – hoffen wir, dass sich der Aufwand hier noch in Grenzen hielt.

Wasserbad

Nicht bekannt ist der Fotograf dieser „feucht-fröhlichen" Aufnahme. Ebenfalls nicht bekannt ist, was die beiden Junglandwirte so sehr abgelenkt hat, dass der Deutz unfreiwillig ein Bad im Kanal nehmen musste.

Man darf sich bei diesem Bild von Gediminas Bardauskis nicht vom Hingucker, dem exotischen Knicklenker vor der Presse, ablenken lassen: Die Panne ist der zurückgelassene Mähbalken, um den einfach drumherum geschwadet wurde.

Verschämt guckt das Rad zur Seite. Eine Lenkachse für die Rundballenpresse? Für kleine Flächen wäre das vielleicht eine willkommene Option, hier sorgte die Stellung des Rades für eine weniger willkommene Ernteunterbrechung. Mateusz Waligóra hat den Bruch der Achse dokumentiert.

Kopfsprung

Der arme kleine Spaltenreinigungs-
roboter ist ausgebrochen und hat den
Kopfsprung in die Grube des Melkstands
gewagt. Daniel Fischer hat das Ergebnis
bildlich festgehalten: Der Ausbrecher
liegt auf dem Rücken und kommt ohne
fremde Hilfe nirgends mehr hin.

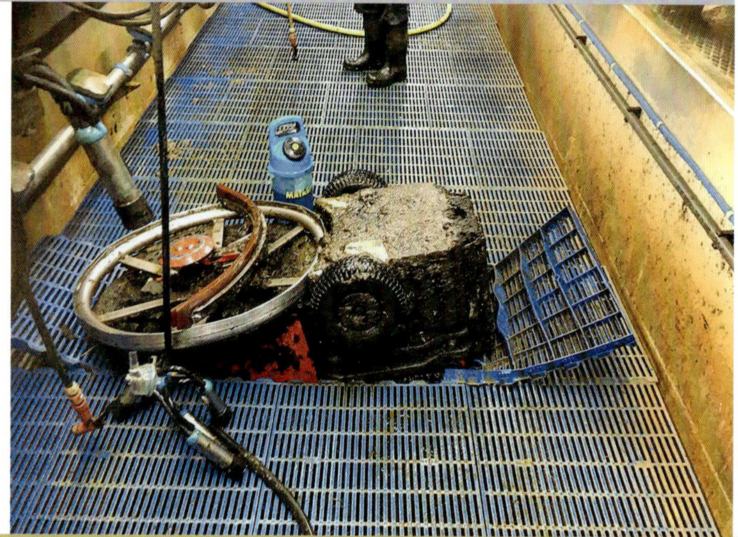

Seitensprung

Gunter Götz und sein Sohn Fabian sind bei diesem Überholmanöver mit dem Schrecken davongekommen und froh, dass nicht mehr passiert ist. In einer abschüssigen Kurve setzte der Anhänger zum Überholen an und schob den Schlepper um die Ecke, sodass er zur Seite sprang.

Nicht nur die Ablagetiefe wird hier zum Problem – das schlichte Fortkommen ist selbst mit dem PS-starken Knicklenker von Tomas Kavaliauskas bei diesem Sinkflug nicht mehr möglich.

Pflugzeug-Absturz

Die negative Stützlast auf dem rechten Unterlenkerzapfen war scheinbar zu viel. Das Ergebnis zeigt das Bild von Christian Urbach: Die Schare haben die Wegkante sauber umgepflügt, größerer Schaden blieb zum Glück aus.

Mit vereinten Kräften ...

Fendt versammelt euch! Bei Oliver Löhmann waren einige Dieselrösser nötig, um ihren Artgenossen samt angehängtem Amazone-Grubber aus dem „Schlammassel" zu befreien. Als optisches Dankeschön gibt's eine Anprobe schwarzer Felgen beim 936 gratis dazu.

Die nasse Stelle im Acker ist nicht groß – aber tief! Der Agrotron hat das Loch „erfolgreich“ beim Güllefahren entdeckt. Jakob Freyer hat gar nicht lange probiert, sondern wartet lieber auf Hilfe.

Geknickt statt gekippt

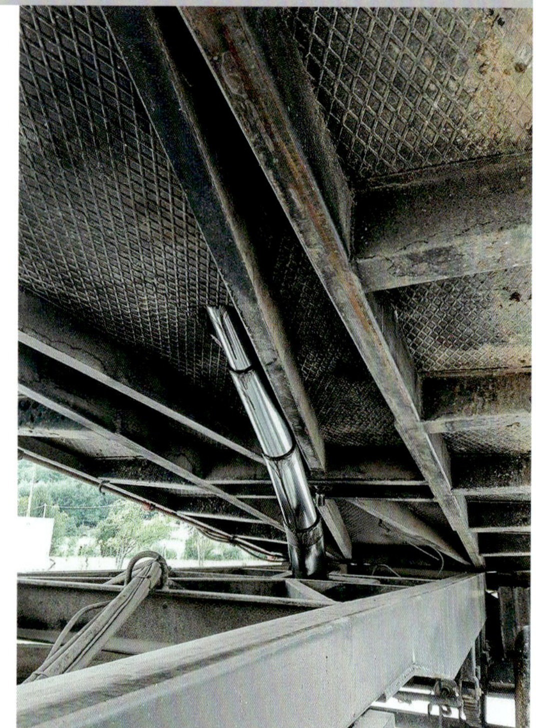

Statt den Aufbau zu kippen, ist der Hydraulikzylinder unter der Last eingeknickt und hat den Kipperboden durchschlagen. Sicher ebenfalls geknickt war danach die Stimmung von Zanone Giacomo, zum Glück hat er trotzdem die Kamera gezückt.

Geschielt statt gelenkt

Eigentlich sind die Vorderräder eines Traktors richtungsweisend, hier aber eher planlos. Ein Bruch an der Lenkzylinderaufhängung machte dem Belarus von Oliver Görlich die Entscheidung schwer, in welche Richtung es gehen sollte!

Knappe Kiste

„Mir ist beim Feldwechsel das Schneidwerk fast vom Transportwagen gefallen", berichtet Tjorben Martens von dieser knappen Kiste in der Ernte-Hektik.

Diese Bilder kursierten in verschiedenen Social-Media-Kanälen: Das Übergewicht der mit Sand gefüllten Schaufel brachte den JCB-Teleskoplader aus dem Gleichgewicht. Neben einem ordentlichen Schreck musste auch der Aufsatz des Muldenkippers unter den Folgen leiden.

Verkalkt

Max Vehlen hat hier sein eigenes Missgeschick festgehalten: Beim Kalkstreuen hat er sich mit einem Terra Gator 8133 in einer nassen Ecke festgefahren. Nach dem Entleeren des Tebbe-Aufbaus ging es mit einem zweiten Terra Gator und einem Lkw an die Bergung.